U0216904

绿色发展通识丛书
GENERAL BOOKS OF GREEN DEVELOPMENT

勇敢行动
全球气候治理的行动方案

［法］尼古拉·于洛／著

田晶／译

中国文联出版社
http://www.clapnet.cn

图书在版编目（CIP）数据

勇敢行动：全球气候治理的行动方案 / (法) 尼古拉·
于洛 (Nicolas Hulot) 著；田晶译. -- 北京：中国文
联出版社，2017.9（2021.12重印）
（绿色发展通识丛书）
ISBN 978-7-5190-3051-3

Ⅰ. ①勇… Ⅱ. ①尼… ②田… Ⅲ. ①环境保护－研
究 Ⅳ. ①X

中国版本图书馆CIP数据核字(2017)第217198号

著作权合同登记号：图字01-2017-5638
Originally published in France as : Osons ! by Nicolas Hulot
© Les liens qui libèrent, 2015
This edition was published by arrangement with L'Autre agence, Paris, France and Divas
International, Paris 巴黎迪法国际版权代理 All rights reserved.

勇敢行动：全球气候治理的行动方案
YONGGAN XINGDONG: QUANQIU QIHOU ZHILI DE XINGDONG FANG'AN

作　者：[法] 尼古拉·于洛	译　者：田晶
	终审人：朱庆
责任编辑：冯巍	复审人：闫翔
责任译校：黄黎娜	责任校对：王楠
封面设计：谭锴	责任印制：陈晨

出版发行：中国文联出版社
地　　址：北京市朝阳区农展馆南里10号，100125
电　　话：010-85923076（咨询）85923092（编务）85923020（邮购）
传　　真：010-85923000（总编室），010-85923020（发行部）
网　　址：http://www.clapnet.cn　　　http://www.claplus.cn
E-mail：clap@clapnet.cn　　　fengwei@clapnet.cn

印　　刷：中煤（北京）印务有限公司
装　　订：中煤（北京）印务有限公司
本书如有破损、缺页、装订错误，请与本社联系调换

开　本：720×1010	1/16
字　数：62千字	印　张：7.75
版　次：2017年9月第1版	印　次：2021年12月第4次印刷
书　号：ISBN 978-7-5190-3051-3	
定　价：30.00元	

版权所有　翻印必究

"绿色发展通识丛书"总序一

洛朗·法比尤斯

1862 年，维克多·雨果写道："如果自然是天意，那么社会则是人为。"这不仅仅是一句简单的箴言，更是一声有力的号召，警醒所有政治家和公民，面对地球家园和子孙后代，他们能享有的权利，以及必须履行的义务。自然提供物质财富，社会则提供社会、道德和经济财富。前者应由后者来捍卫。

我有幸担任巴黎气候大会（COP21）的主席。大会于 2015 年 12 月落幕，并达成了一项协定，而中国的批准使这项协议变得更加有力。我们应为此祝贺，并心怀希望，因为地球的未来很大程度上受到中国的影响。对环境的关心跨越了各个学科，关乎生活的各个领域，并超越了差异。这是一种价值观，更是一种意识，需要将之唤醒、进行培养并加以维系。

四十年来（或者说第一次石油危机以来），法国出现、形成并发展了自己的环境思想。今天，公民的生态意识越来越强。众多环境组织和优秀作品推动了改变的进程，并促使创新的公共政策得到落实。法国愿成为环保之路的先行者。

2016 年"中法环境月"之际，法国驻华大使馆采取了一系列措施，推动环境类书籍的出版。使馆为年轻译者组织环境主题翻译培训之后，又制作了一本书目手册，收录了法国思想界最具代表性的 33 本书籍，以供译成中文。

中国立即做出了响应。得益于中国文联出版社的积极参与，"绿色发展通识丛书"将在中国出版。丛书汇集了 33 本非虚构类作品，代表了法国对生态和环境的分析和思考。

让我们翻译、阅读并倾听这些记者、科学家、学者、政治家、哲学家和相关专家：因为他们有话要说。正因如此，我要感谢中国文联出版社，使他们的声音得以在中国传播。

中法两国受到同样信念的鼓舞，将为我们的未来尽一切努力。我衷心呼吁，继续深化这一合作，保卫我们共同的家园。

如果你心怀他人，那么这一信念将不可撼动。地球是一份馈赠和宝藏，她从不理应属于我们，她需要我们去珍惜、去与远友近邻分享、去向子孙后代传承。

2017 年 7 月 5 日

（作者为法国著名政治家，现任法国宪法委员会主席、原巴黎气候变化大会主席，曾任法国政府总理、法国国民议会议长、法国社会党第一书记、法国经济财政和工业部部长、法国外交部部长）

"绿色发展通识丛书"总序二

万钢

习近平总书记在中共十九大上明确提出，建设生态文明是中华民族永续发展的千年大计。必须树立和践行绿水青山就是金山银山的理念坚持节约资源和保护环境的基本国策，像对待生命一样对待生态环境。我们要建设的现代化是人与自然和谐共生的现代化，既要创造更多物质财富和精神财富以满足人民日益增长的美好生活需要，也要提供更多优质生态产品以满足人民日益增长的优美生态环境需要。近年来，我国生态文明建设成效显著，绿色发展理念在神州大地不断深入人心，建设美丽中国已经成为13亿中国人的热切期盼和共同行动。

创新是引领发展的第一动力，科技创新为生态文明和美丽中国建设提供了重要支撑。多年来，经过科技界和广大科技工作者的不懈努力，我国资源环境领域的科技创新取得了长足进步，以科技手段为解决国家发展面临的瓶颈制约和人民群众关切的实际问题作出了重要贡献。太阳能光伏、风电、新能源汽车等产业的技术和规模位居世界前列，大气、水、土壤污染的治理能力和水平也有了明显提高。生态环保领域科学普及的深度和广度不断拓展，有力推动了全社会加快形成绿色、可持续的生产方式和消费模式。

推动绿色发展是构建人类命运共同体的重要内容。近年来，中国积极引导应对气候变化国际合作，得到了国际社会的广泛认同，成为全球生态文明建设的重要参与者、贡献者和引领者。这套"绿色发展通识丛书"的出版，得益于中法两国相关部门的大力支持和推动。第一辑出版的33种图书，包括法国科学家、政治家、哲学家关于生态环境的思考。后续还将陆续出版由中国的专家学者编写的生态环保、可持续发展等方面图书。特别要出版一批面向中国青少年的绘本类生态环保图书，把绿色发展的理念深深植根于广大青少年的教育之中，让"人与自然和谐共生"成为中华民族思想文化传承的重要内容。

科学技术的发展深刻地改变了人类对自然的认识，即使在科技创新迅猛发展的今天，我们仍然要思考和回答历史上先贤们曾经提出的人与自然关系问题。正在孕育兴起的新一轮科技革命和产业变革将为认识人类自身和探求自然奥秘提供新的手段和工具，如何更好地让人与自然和谐共生，我们将依靠科学技术的力量去寻找更多新的答案。

2017 年 10 月 25 日

（作者为十二届全国政协副主席，致公党中央主席，科学技术部部长，中国科学技术协会主席）

"绿色发展通识丛书"总序三

铁凝

这套由中国文联出版社策划的"绿色发展通识丛书",从法国数十家出版机构引进版权并翻译成中文出版,内容包括记者、科学家、学者、政治家、哲学家和各领域的专家关于生态环境的独到思考。丛书内涵丰富亦有规模,是文联出版人践行社会责任,倡导绿色发展,推介国际环境治理先进经验,提升国人环保意识的一次有益实践。首批出版的33种图书得到了法国驻华大使馆、中国文学艺术基金会和社会各界的支持。诸位译者在共同理念的感召下辛勤工作,使中译本得以顺利面世。

中华民族"天人合一"的传统理念、人与自然和谐相处的当代追求,是我们尊重自然、顺应自然、保护自然的思想基础。在今天,"绿色发展"已经成为中国国家战略的"五大发展理念"之一。中国国家主席习近平关于"绿水青山就是金山银山"等一系列论述,关于人与自然构成"生命共同体"的思想,深刻阐释了建设生态文明是关系人民福祉、关系民族未来、造福子孙后代的大计。"绿色发展通识丛书"既表达了作者们对生态环境的分析和思考,也呼应了"绿水青山就是金山银山"的绿色发展理念。我相信,这一系列图书的出版对呼唤全民生态文明意识,推动绿色发展方式和生活方式具有十分积极的意义。

20世纪美国自然文学作家亨利·贝斯顿曾说："支撑人类生活的那些诸如尊严、美丽及诗意的古老价值就是出自大自然的灵感。它们产生于自然世界的神秘与美丽。"长期以来，为了让天更蓝、山更绿、水更清、环境更优美，为了自然和人类这互为依存的生命共同体更加健康、更加富有尊严，中国一大批文艺家发挥社会公众人物的影响力、感召力，积极投身生态文明公益事业，以自身行动引领公众善待大自然和珍爱环境的生活方式。藉此"绿色发展通识丛书"出版之际，期待我们的作家、艺术家进一步积极投身多种形式的生态文明公益活动，自觉推动全社会形成绿色发展方式和生活方式，推动"绿色发展"理念成为"地球村"的共同实践，为保护我们共同的家园做出贡献。

中华文化源远流长，世界文明同理连枝，文明因交流而多彩，文明因互鉴而丰富。在"绿色发展通识丛书"出版之际，更希望文联出版人进一步参与中法文化交流和国际文化交流与传播，扩展出版人的视野，围绕破解包括气候变化在内的人类共同难题，把中华文化中具有当代价值和世界意义的思想资源发掘出来，传播出去，为构建人类文明共同体、推进人类文明的发展进步做出应有的贡献。

珍重地球家园，机智而有效地扼制环境危机的脚步，是人类社会的共同事业。如果地球家园真正的美来自一种持续感，一种深层的生态感，一个自然有序的世界，一种整体共生的优雅，就让我们以此共勉。

2017 年 8 月 24 日

（作者为中国文学艺术界联合会主席、中国作家协会主席）

Codiedls
目录

第 1 章　勇敢行动！（001）

第 2 章　未来属于年轻人（023）

第 3 章　走向一种全新的社会契约（035）

第 4 章　向政治决策者提出的 12 条重要建议（051）

第 5 章　10 项个体的义务（087）

尼古拉·于洛的号召（103）

由衷感谢（106）

第 1 章　勇敢行动！

　　关于气候的峰会接连不断，探讨地球现状的讲座不一而足，我们被雪崩一般的各类报告压得喘不过气来，它们一个比一个令人心惊。然而，人们却总是用一大堆意向宣言和用意良好的决心来安慰自己。我们今天必须注意到，虽然大家的觉悟正在提高，但面对那些我们本应遏止、却反而愈演愈烈的现象，人们所采取的具体行动依然微不足道。言语总是太过经常地被当作甜蜜的洋甘菊，用以抚慰当今文明的过度发展。我们如同已经知情的观众，正在亲眼见证一场走向全球性灾难的历程。

OSONS
dire que toutes
NOS CRISES
n'en sont qu'une :
UNE CRISE
de

敢于承认，
我们所有的危机都是过度行为造成的危机

　　我们必须要改变，才不至于消失。人类应当恢复镇定，走出自己的冷漠，最终打造出一个懂得自我照管的世界。别人不断训诫我："不要过于危言耸听，您会让人感到害怕的。"但如果诊断是错误的，那么治疗方法也同样会是错误的。如果有人跟你保证，前方不是动荡的海洋，而是宁静的湖泊，那么你定会用不同的方式装备船只。

让我们勇敢地直面事实吧！

　　只有谎言会让我感到害怕。

　　最大的痛苦，莫过于让时间来为我们做决定。目前的真相是，我们正在被一条汹涌的河流卷走，冲向我们自己的悲剧。

　　视而不见的做法应当受到谴责。我希望在此说明大自然的脆弱和垂危。我已经见过生命如手中握不住的沙土一般消逝。我们既在向地球下毒手，也在毒害我们自己。

　　那些被我视为持久不变的东西，经过一段缺席的时间就消失不见了。没有任何一片疆域能够幸免于人类的伤害，哪怕是最偏僻遥远的。即使在最深的深海中，我们人类的烙印也清晰可见。

　　在持续 40 年的与人会面和不断发现中，在持续 40 年的与地球的亲密接触中，我有一种既悲伤又惊叹的感受，因为正好赶上时机，能够仔细观察这个宝贵的世界。

　　但与此同时，我也突然意识到我们的脆弱性。我们的容忍度细若游丝。我们的生存有赖于脚下一层薄薄的土地和头顶上一片轻柔的大气，但这二者都被我们所摧残。

让我们敢于承认，破坏生物多样性（我们自己正是其中有意识的那一部分生物），就是给我们自己的命运判死刑。

　　我们正处在一个身体和心灵的断裂点上。

我想大声表明，这一次，人类作为一个群体，同时也作为一种至高无上的价值，真的可能自行毁灭。人越想脱离大自然，就越脆弱。

让我们敢于承认吧：地球可以摆脱我们，但我们不能离开地球。

我想大声呼喊，气候变暖并不是时间可以消解的简单危机。它是一个重大问题，决定着与我们紧密相连的所有连带性问题。它影响并支配着一切在我们眼中具有重要性的事物。

让我们敢于断言，气候的危机是最大的不公平。

首当其冲的是最易受伤的群体：那些人群不仅没有从我们的发展模式中获益，还要忍受其所带来的负面影响。这种发展有时是在他们毫无察觉的情况下进行的，并且运用了他们的自然资源和劳动力资源。

让我们敢于承认，这种新形式的屈辱在当今这个分化严重而又关系紧张的世界中，最终会令人类不堪重压，陷入仇恨和不解的深渊。

让我们敢于说出，否认这个事实，就像不承担我们有史以来对于地球状况应当负起的责任那样，属于严重的疏漏，历史会让我们因此而付出代价。

让我们敢于承认，是北部国家①更亏欠南部国家②，而不是相反。

让我们敢于大声宣言，在如今这个反应极为迅速、牵一发而动全身的世界里，团结一致已不再是个选择——它是维持和平所不可缺少的条件。和平和自由一样，是不可分割的。这不仅是个单纯的道德问题或伦理问题。我们不能强迫人类去忍受和观察被遗弃的命运，而且在视野中只有屈服的前景。在这个高度互联的地球上，一切都能被看到，一切都会被知晓，贫苦和不公无论发生在哪里，都会对整体的繁荣造成危险。当贫困和悲惨无处可逃的时候，原教旨主义③有时就是出口。

---

① 北部国家：本书中指较发达国家。

② 南部国家：本书中指欠发达国家。

③ 原教旨主义：它指一种保守的基督教思想，它抵制19世纪后期20世纪初期很有影响的"自由主义"或"现代主义"的神学倾向。

Osons
LIBÉRER
l'espace pour ceux qui bâtissent

LE MONDE

de demain

让我们敢于
为那些明日世界的建设者们解放空间

让我们敢于承认，一些人的宿命主义会导致另一些人的狂热吹捧。

永远不要忘记，环境事业是人类尊严和社会公平的根基。它是 21 世纪的圣杯：这个世纪要不就变得环保，要不就不环保；要不就团结一致，要不就无法继续繁荣。人类的天才、科研、经济，与其分散在所有阵线上，不如凝聚到这个仅有的目标上。

让我们敢于承认，另一个世界业已成为可能，但我们所缺乏的是一种普世的心态、一种智慧、一种眼界和一种集体的意志。我们应当把世界看作一个相互关联的共同空间。

让我们敢于承认，改变已经开始，想象力正在膨胀，创新正在遍地开花。我在世界各地都看到了变化：在贝宁、在中国、在科罗拉多、在法国、在中东地区……变化正在生根发芽，不仅体现在个体上，还有协会中、团体中或大小公司中。但这种变化与保守主义、怀疑主义相抵触，更糟糕的是，会冲撞到一小部分人唯利是图的恶习。

让我们敢于本着团结的精神，为那些创造者、创新者、明日世界的设计者和建造者们解放空间。

让我们敢于惩罚那些抢夺、破坏、耗尽、独揽世界上丰富资源的人。

让我们敢于改变那些程式、游戏规则和指标。

让我们敢于说出，资本主义的暴力已经占领了所有的权力圈。

让我们敢于冲破这个骗局：它试图让人相信，就算忽视经济这一整块内容，也有可能获得团结和改变。如果不取消避税天堂、合法避税机制、非法或合法逃税手段，如果不告别无助于国家间团结的暗箱财政，那么我们所有的意愿，不管诚挚与否，都会触礁，都会让我们无法信守自己的承诺，并助长耻辱、挫败和压抑的恶性循环。

Osons
REPRENDRE
la main sur la
FINANCE
qui
IGNOR€
l'intérêt général

让我们敢于
规范金融业中某些忽视集体利益的行为

让我们敢于揭露这些用"稀有性"来发大财的市场。总而言之,让我们打破这种吃人的秩序。

让我们在世界各地提倡整治、呼唤法规,从大肆挥霍的经济过渡到提供保护的经济,以保证任何公共财产都不会被一小撮人毁坏。

让我们重新将权力赋予国家,让金融重新服务于经济,经济服务于人民。

让我们敢于整治忽视集体利益的金融业。

与其静观,不如勇敢地解决。

让我们敢于为开启人类探险的全新一页而欢欣鼓舞。我们尚能行动,即使窗口非常狭窄。

让我们敢于打开思路,敢于空想,敢于打破陈规、跳出条条框框。让我们冲破怀疑和顺从。纳尔逊·曼德拉(Nelson Mandela)告诫过我们:"小看自己,就无法服务世界。"

让我们敢于行动，而非空口宣言；让我们敢于心怀大志，而非逆来顺受。

让我们敢于团结一致，而非人心涣散。让我们把那些精心酝酿的无用分歧都搁置一边，以便更好地自我定位、自我定义、自我面对。

让我们敢于说出，生态环境不应该是个充满偏见的庸俗命题，而是一个内涵无上崇高的政治挑战。它不是一个左翼、右翼或中间派的议题，而是一个超越这些的高层次议题。很简单，它关乎地球——人类大家族及其生态系统的未来和维护。

考虑生态环境，就是考虑全局。环保，就是接纳我们地球的限制，同时从中汲取教训。

让我们敢于承认，每个国家都以本国的利益为衡量的标尺，如果每个个体都仅透过个人福祉的自私角度去做打算，那么幸福的出路便不会出现。

让我们敢于相信人类灵魂的高贵，并重拾希望。

让我们敢于说出，人性是美好的，值得我们为之不懈斗争：这种人性常常无形而又无声，但却代表着普遍的团结，同时悄然催生出变革之春。

让我们敢于说出，那些抢夺、嘲弄、蔑视或剽窃的人，并非能够代表全人类的标本。他们属于其中最容易被看见的一小部分，是厚颜无耻的掠夺者和愤世嫉俗者的阵营。让我们鄙视他们，同时把希望寄托于另一部分人。

让我们敢于承认，在穷人和富人、教徒和无神论者身上都存在着美和宽厚——无论他们来自哪里，受到何种教育，拥有怎样的文化——这些美德通常都是不求回报的。

那些为了全人类的幸福而在过去、今天和未来一直勇敢行动的人，给予我们鼓舞。正因为有他们，我们便永远不会逃避希望，不会落入愤世嫉俗的陷阱。

还有许多像曼德拉和巴斯德那样的人，却不为大众所知。对于这片在我们的视线之外静悄悄生长的森林，我们要给予空间和阳光。

让我们敢于谦逊，敢于节制。

让我们敢于承认，我们的所有危机都可以归结为一种：过度行为造成的危机。让我们确定一些限制，因为限制并非自由的桎梏，而是获得自由的条件。自由，是自己给自己确定的法则。没有限制，人类将自我陶醉、胡言乱语、堕落迷失。

让我们敢于在任何事物中掌握分寸，让我们唾弃过度的行为。

LA SOLIDARITÉ

est la condition

INDISPENSABLE

à la

PAIX

团结一致是获得和平必不可少的条件

让我们敢于从金钱为王、技术至上、消费成瘾的束缚中解脱出来。

让我们敢于创新，让我们打造全新的标准。

让我们敢于摆脱对石油、煤炭和天然气的依赖。

让我们敢于把太阳、风、水、海洋作为仅有的能源。

让我们敢于公平交易，而非自由贸易。让我们从年轻的竞争阶段过渡到成熟的合作阶段。

让我们敢于使公共财产免受投机交易的掌控。

让我们敢于推行一种节约型的经济，而非破坏性的经济。让我们推崇具有保护性的措施，惩罚带来损害的恶习。

让我们敢于保护，而非捕食。

让我们敢于承认，大自然并不仅仅是为满足我们的需求或完成我们的计划而存在。

让我们敢于尊重海洋、土地、水和空气。

对海洋、森林、湿地、耕地及整个生态系统的保护和修复都并非随意的选择，而是一种必需的责任，以便对抗气候变暖，维护所有形态的生命，并抑制贫困。拯救倭黑猩猩，就是拯救我们自己！

让我们敢于摆脱具有破坏性的人类中心论。我们已经滋生出一种平庸的、粗俗的态度，甚至在面对大自然时也难免如此。我们的贪婪将我们引入歧途。

让我们敢于承认，单一性既不适合人类，也无益于大自然，多样性才是财富。越是减少多样性，我们越会变得脆弱。

让我们敢于承认，单凭科技并不能令我们脱离困境，道德思考应当超越单纯的专业技能。

让科学倚靠在良知上，从而将人与人的权利置于讨论的中心。

第 2 章　未来属于年轻人

年轻人，你们的未来正在这个特殊的时刻确定下来并逐步成形，我恳求你们：不要坐在你们的电脑前，看着世界一步步瓦解。

我想告诉每一个人：请相信，全人类都需要你，无论你身在何处，你都是独一无二、无可替代的。

同时也请为之庆幸：我们的世界可以建设，而非只能忍受。请满腔热情地来改变世界。一切都有待重新创造。不是指火、轮子或者电脑，这些业已成就，再好不过。需要重新创造的是事物的意义。

Ne regardez pas le

M⃞NDE

se défaire derrière vos

⊕RDINATEURS

不要坐在你们的电脑屏幕前，
看着世界一步步瓦解

请时刻思考一下"为什么"。"你们为什么总想走得更快、更远？"一位在法国参观的土著印第安人如是问。他对开凿隧道的用处提出疑问，因为对于他们的民族来说，大山是如此神圣。

敢于对意义这个概念进行思考，并为之辩护。

没有比"无意义"更可怕的侵犯，如果我们自身的存在不再有意义，那么自私就成为唯一合理的举动。如果进步也不再有意义，那么明哲保身就变成唯一有用的目标。

请让自己受到启发！行动起来，站立起来，团结起来，敢于创新，着手实践。

投身于地球和人类大家庭的事业，这不是让步于某种风潮，而是直面现实，顺应现代性。

贯彻地球公民意识的严格要求，传播公共财产的理念。要求建立一个世界性的机构，承担起对公共财产的保护。

敢于桀骜不驯。
敢于搅乱暴发户的阵营。
敢于憧憬一个理想国。

充分利用社交网络，通过所有言论渠道告诉人们：
"不要辱骂未来，不要对我们说谎，不要为了眼前的利益而牺牲我们的明天。"告诉所有政客："停止空口说白话，行动起来吧！"要求他们从现在开始书写历史，而非忍受历史。要求他们从顽固不化的党派观念中解脱出来，停止继续酝酿狭隘的偏见，停止以为未来还有无限时间的错误认识。告诉他们，还存在着比他们本身更为宏伟的事业要成就。请他们看得更远，更有全局观念，要重新令世人欢欣鼓舞。要以漫长的时间来浸润我们的民主制度。提醒他们，他们还肩负着另一种维度的责任：几百万人的生存。告诉他们要改变的是模式，而非气候。让他们去倾听，从那些每天在自己力所能及的范围内选择不屈从、不断前行的人身上获得启发。

LA PLANÈTE

peut se passer de nous mais

NOUS

ne pouvons pas nous passer

D'ELLE

地球可以没有我们，
但我们不能没有地球

对于你所期待看到的变化许诺，你会一路伴随着辅助。

保证你将履行自己的任务。你将时刻待命，只要有愿景，有严格的要求，有可信的承诺。

而你自己，也请摆脱那些刻板印象，从那些代替你做决定的隐蔽影响中解脱出来。学会倾听，搜集信息，试图理解，创造一个以美、公平和必需品为支柱的共同未来。

请提防当今世界上作为虚假希望而存在的消费主义。一项庞大的任务摆在我们面前，也摆在你们面前，我们应当重新思考人类的计划。不要退却，命运已朝我们伸出手，请抓住这次机会。

年轻人，请全心投入并骄傲地承担起这项最高尚的事业：在时间和空间中的团结一致，纯然质朴的人道主义。

行动起来，永远不要怀疑，在为地球努力奋斗的同时，你也在为正义、人类的尊严，以及和平而奋斗。

呼吁自由、平等、博爱，同时赋予其多样性和团结精神。

让自己成为一道不可抵挡的清流，为全新浪潮的诞生而努力——朴素、节制和团结的浪潮。

敢于赞美大自然，倾听它、理解它，宣扬并毫无保留地捍卫它的多样性和完整性，让它与你紧密相连，以它的美来滋养你。赞美是一种不可阻挡的、促成开端的力量。请意识到，你自身也属于生命这一奇观。请成为大自然持久不衰的护卫者。

要意识到，我们和你们，作为有意识的生物，是何等幸运。

敢于相信，大象和兰花对于人类的未来都是不可或缺的，就像《蒙娜丽莎》和蜂鸟一样。敢于在各地说出，一个亚马孙地区的卡雅布印第安人或一个纳米比亚西北部辛巴人的知识，与诺贝尔奖获得者的知识一样，对我们来说同样必不可少。

Le réchauffement
CLIMATIQUE
n'est pas une simple
CRISE
que le temps effacera

气候变暖
并非一场时间能够淡化的简单危机

要求人与人之间的公平。

要求不管来自何地的苦难，都要获得相同的关注。

从全局出发思考，将地球作为故乡，只重视这一种疆界；赞美多样性，和而不同，大胆表明你的差异。

承认我们与一切有生之物拥有共同的根源，不仅如此，我们还分享共同的命运。

让这些要求充满你的整个生活。

为地球，以及地球上的旅客们，许下这个诺言。

做极端主义者——坚守团结精神的极端主义者。

我们可以擦干地球的眼泪。

让我们敢于热爱可再生的能源。

第3章 走向一种全新的社会契约

疯狂的定义，就是无休止地重复同样的事情，却等待着出现不同的结果。

我们要敢于不再发疯！

有一句非洲谚语说："我们能听见树木倒下的轰鸣，却从来听不见森林寂静的生长。"

然而，在所有的领域中，"森林"都在生长：变化正在发生，创新正在前进。解决方案切实存在，但不幸的是，人们总是对此不甚了了。

我们应当向所有参与变化的主体（企业、协会、团体）致敬，正是他们日复一日地创造着明天的世界。近几年，

036

我们接触过数十个这样的组织和机构，并有幸通过尼古拉·于洛基金会推出的"积极效应"（Positive Impact）[①]项目，对他们进行鼓励和宣传。对于他们所提供的典范，与其赋予杰出个例所应得的嘉奖，不如给予足够的关注，因为这些正是未来需要复制的模式。

的确，人类的天资和头脑不会措手不及。但是在面对如此规模的气候挑战时，我们不能浪费时间；要为这些独立的创举提供制度框架和手段，让它们能够成为未来的标准。

如何将所有这些解决方案投入大范围的应用呢？这就需要政治家们来承担责任并开辟道路了。他们可以在欧盟28个成员国内商议，也可以在巴黎联合国气候变化大会（COP21）上讨论。当195个国家齐聚一堂时，正是颁布共同规则的时刻。这同时也是彻底改变当前格局的时机：要将这场对抗气候变暖的斗争与社会创新和经济创新结合起来。

在本书的第4章，我们提出12条重要建议——不论巴黎联合国气候变化大会的结果如何；还有第5章10项

---

① 参见 http://mypositiveimpact.org。

个体的义务，让每个个体都能大幅度减少自己在生态环境中的足迹。希望我们每一个人都能从中获得灵感，做出改变，同时向政治家们表明，社会已经做好了准备。

我们不能用幻想欺骗自己。有些人也许笃信从灰色增长过渡到绿色增长能解决一切问题，然而仅仅改变增长的颜色是远远不够的。如果决策者们表示，只需做出一些经济和技术层面的调整就能使所有问题迎刃而解，那便是一叶障目；因为真正需要做的是，重建我们的制度，重新定义目的和手段。

政治应当肩负起这些问题，并给资本市场定下一些规则。只要利益依然是终极目的，只要世界贸易组织依旧是全球最具影响力的组织，我们就无法成功。必须抑制金融的无限权力，终止合法避税和避税天堂，同时对金融交易征税。若不如此，那些发展援助、气候变化适应援助的目标就将徒然无果。质疑预防性原则，或捍卫将不利于所有社会和环境屏障的跨大西洋自由贸易协定（TAFTA），是一种谬误。

对于单独一个国家，这一系列情况的确复杂。但欧洲可以在这些挑战上重拾灵感，再添动力。这是一个关乎勇气和协同意愿的问题。建设 28 国组成的欧盟，正是为了制定共同的规则，服务于共同利益。否则，就不必惊讶为何很多人会对欧盟失去兴趣了。

政治应当关闭一些阀门，截断一些投资，同时开放另一些投资；从短视的逻辑中走出来，发挥辨别力，选择一种选择性的增长——什么是符合历史意义、同时又能满足当前限制的？什么是不能满足的？

人们经常忽视这一点，但很多国家都处在一种矛盾的，甚至分裂的逻辑中。领导人的讲话总是说要让经济脱碳，但与此同时，各国却又在大量补贴化石能源。根据国际货币基金组织的数据，这些化石能源每一分钟都要在全球范围内花掉我们约合人民币 6.7 千万元（920 万欧元），其中包括由空气污染和气候变化引发的自然灾害所导致的各类损害的修复。也就是说，2015 年，这项花费预计达到 35 万亿人民币（47400 亿欧元），超过了全世界所有政府的健康支出！

如果把避税天堂隐藏的数目加到这个天文数字上，再将这些钱全部用于能源过渡，那时，我们才能成功！这也是帮我们走出危机的绝佳杠杆。为何推动在欧洲投资的"容克计划"不优先考虑能源过渡的项目呢？

另一个悖论在于，在当今的经济界，很多人都要求给碳标上价格，但政客们却迟迟不愿这样做。为什么？

因为经济决策者们早已明白这是不可避免的，因此想要抢先一步，以便获得一条明确的轨迹和清晰的视野。政客们应该抓住这个机会。

发展可再生能源是最主要的挑战之一。再生能源已经能够部分满足地球的需求，而且在短期内还很可能满足全部需求。太阳能和风能从史前史中走出，如今已经变得颇有竞争力。科学研究在急速发展，尤其是在电力储存方面。一系列的可再生能源开始被开发利用，譬如海洋能。

这一进程也是促进和平的绝佳因素。当我们能让一个国家利用取之不尽且几乎免费的资源产出能源时，我们就是在令世界安定和平。我们由此建立起国家间的公平和权力平衡。这样，就不必再在面对不可靠的政权时，因为惧怕其关闭石油或天然气的阀门而放弃自己的价值观。这样，我们就消除了许多冲突的根源，因为近几十年来的大部分战争（虽然从未被承认）都与对化石能源、石油、天然气或碳的角逐有关。最后，不再用于世界军事化演变而省下来的钱，可以被投入到更为重要的需求中。哪怕只将一个月的世界军费拨给用于援助发展的资金，都将会改善地球上被遗弃的几亿人的生存条件，而这也将相应地消灭许多未来的冲突根源。

Penser
ÉCOLOGIQUE
c'est penser

生态的思维要注重全局

当务之急的一项工作，就是颁布一个能源效率方面的"马歇尔计划"。所有领域中都存在着一个能源节约的宝库，首先就是建筑物的能源改造。能源转换效率就是潜在的首要能源之源。它同时也提供了创造就业、改善社会和公共卫生条件的可能，因为它将帮助我们对抗能源不稳定的困境——在法国，每五个家庭中就有一个家庭受到能源不稳定的影响。

能源转换效率也关系到消费品，一些工业集团也主动提出了强化生态标准的要求，因为它们深知自己既能在欧洲开拓新的市场，创造就业，赚取利润，又能同时减排数吨二氧化碳。

循环经济也是一条需要遵循的道路。关键要做的是走出"线性"经济（开采原料，对其加工，然后丢弃），转向一种什么都不浪费、一切都能转变的经济，就像在大自然中一样。目标不再是减少我们所产生的影响，而是对环境、健康、经济产生积极的影响。

的确，这种做法能够限制对日渐稀有的资源的开采。从纯经济的角度上看，也能让我们不再治理废品垃圾，而是治理资源。对于公司来说，节约原材料是加强竞争力的要素之一，就像能源节约一样。中国已经在一项法律中明确了缩减原料量的目标。欧洲也应当紧跟中国的步伐。法国已开始在关于能源过渡的法律条文中引入了一些原则。正因遵循这种理念，美国旧金山已把垃圾处理从"支出栏"转到了"收入栏"中，同时创造出数十个就业岗位。一切都能被提取、回收：有机废物可以做成混合肥料，固体废物被重新放回到工业循环路线中。如果这些能在旧金山实现，为什么不能为其他地方所采用呢？

当然，也要消除所有领域中的"计划性淘汰"，并选择分担使用一些工具。得益于互联网的发展，共享汽车、拼车，以及所有其他形式的协同节约成为现实，然而这些节约在十年前都是难以想象的。如今，它们已是司空见惯。

在农业方面，也有可能采取一种可替换的模式。事实证明，在能源逐渐变得稀少时，将世界分割成大片的单一耕作区域，实在是一种谬误。让我们的粮食、牲畜的粮食绕着地球转，给农作物喷洒农药，是十分荒谬的行为，我们要为之付出多次代价：首先是公共卫生和环境层面的沉重后果，其次是为弥补这些影响而缴纳的个人税和社会税。

Nous sommes technologiquement

ÉPOUSTOUFLANTS
AFFLIGEANTS

Nous sommes culturellement

我们在技术上令人赞叹，
在文化上却令人痛心

对于这种荒谬系统产生的成本的真实情况，我们并不了解，而且又被困在一个恶性循环中：为一个环保产品付出更高的价格是正常的吗？而这仅仅是因为那些会造成污染的产品的真实成本被掩盖了。情况本该恰恰相反才对！

很多农户把高质量的种植和畜牧结合起来，用他们悉心维护的牧场来喂养牲畜。虽然比起高强度的土地开垦，他们从欧盟共同农业政策（PAC）得到的补贴更少一些，但他们每公顷所获的收益却更高，同时对环境产生的影响也更小。本着同样的思路，混农林业在同一块地上将林木和农业种植或者动物养殖结合起来，未来也大有前途。

今天，事实已经证明，生态农业能使已荒漠化的土地重新变得肥沃，而且不必引入化学产品。这种现代性十足的手段可谓一种黏合剂，将最为卓越的科技和古人的智慧与常识结合起来。它可能在最初阶段有些复杂，但却能够让土地逐渐恢复，让我们与大自然和解，并使后者能够完成其多种功能。生态农业完全能够为地球提供粮食，联合国粮食及农业组织已经多次申明。

为了从一种经济模式逐渐过渡到另一种经济模式，我们需要推出一整套鼓励机制和劝阻机制。在过渡期中，应当对消极的做法征税，对积极的做法给予鼓励。然而今天的我们正在背道而驰！我们正在对工作征税，于是我们劝阻的要么是就业，要么是雇佣。

应当做的是，减少对工作所得的收入征税，而更多地对租金和利息收益、碳排放、环境影响、污染、自然资源的矿物提取征税……生态税法并非一种补充性的税法，而是一种替代性税法。它并非以惩罚为目的：为工作减轻负担的同时，它甚至还会刺激就业。瑞典就已经将本国的税收制度朝此方向做出大幅度调整，结果并没有对其经济造成损失，而是恰恰相反，推动了经济发展。

未来的潜在就业市场来自于生态过渡、能源转换效率、农业生产新模式、循环经济和创新……这些契机存在于中小企业中，因此，所有援助都应当指向它们。在法国，中小企业的数目超过三百万。我们明天的经济实力和就业岗位也正在它们身上体现。

OSONS

casser les

CODES

et sortir des

STANDARDS

敢于打破陈规
跳出固有模式

050 　　对于所有这些议题，政策制定者都应有勇气推行高效的措施。他们是否敢于重新审视当前的货币和金融系统？重新赋予各国创造货币的权力，以使各国用其来为转型提供资金支持，这是一个禁忌的话题吗？排放污染物最多的国家会不会最终给碳标上价格？我们会不会最终对金融交易征税，以便影响其结果，使南部国家能够更好地适应气候变化？我们能否考虑建立一个世界环境组织？我们能否最终同意将一部分经济转移到其他地方？

　　在后面的篇幅中，我们提出 12 条重要建议，以使这些改变能够实现。敢于推行这些措施的政治决策者——一定会被历史所铭记。

第 4 章
向政治决策者提出的 12 条重要建议

1. 治理金融业

2. 让经济为人服务

3. 革除跨国公司的恶习

4. 在良性循环中生产和消费

5. 告别化石能源投资

6. 将污染纳入销售价格

7. 保留地球的蓝色

8. 保护土地，我们生命的支柱

9. 在不破坏的条件下生产粮食

10. 强化社会公正，以对抗气候紊乱

11. 再造民主

12. 对环境进行全球性治理

1．治理金融业

从 20 世纪 70 年代开始，金融业经历了一阵放宽管制的浪潮，从而将全球金融资源中的很大一部分转移出了实体经济。由于只寻求短期利益，金融业中的主体们开发出一系列令人吃惊的金融产品。每一年，在一些银行的帮助和层出不穷的避税天堂的守护下，几万亿美元的税务收入人间蒸发。

如何解释这种在电脑下达购买命令后的百万分之一秒内就能完成的"高频交易"？我们怎么能任由围绕着农产品的投机行为上演，同时看着 8 亿人口遭受营养不良、北部和南部国家的许多农民尚且难以凭借自己的产量过活？

更何况，与此同时，我们依旧很难找到不可或缺的资金，投入到可再生能源、建筑物的能源改造、公共交通，以及可持续农业模式中。

因此，必须要迫使金融业将自身的创造力用于协助转型事业。为达此目的，已经存在相关方案。中心原则是：让投机变得不那么有利可图，让转型项目变得更具吸引力。

比如，在所有 G20 国家中推行金融交易税（TTF）将能有效抑制投机。单凭这一税收，就能解决哥本哈根协定中规定的发达国家每年向发展中国家提供 6600 亿元人民币的援助金问题，这项资金将帮助发展中国家应对气候变化。此外，这些收入中的一部分还能用来对抗大型流行病。不幸的是，自 2011 年召开的对此决定表示赞同的 G20 峰会以来，该议题就没有取得足够的进展，尽管在欧洲 11 个国家中设立金融交易税的做法可能在 2016 年实现。

为使私人资金能够大幅投向转型项目，其法律框架和风险管理就必须将气候问题纳入考量。《为气候筹集资金》（*Mobiliser les financements pour le climat*）[1] 这份报告中就提出很多这方面的建议。比如，金融机构应当对其投资组合中的"绿色"投资部分做出记录并汇报。法国将从 2016 年底开始成为第一个要求推行这一做法的国家。

---

[1] 由时任法国总统弗朗索瓦·奥朗德提出要求，帕斯卡尔·康范（Pascal Canfin）和阿兰·格汗让（Alain Grandjean）撰写的报告（2015 年 6 月）。

LA LIMITE
n'est pas une
ENTRAVE
à la
LIBERTÉ
elle en est la

CONDITION

限制不是自由的桎梏
而是自由的条件

货币政策也能促进对绿色投资的资金补助。比如，中国人民银行就已经在做这方面的考虑了。

最后，还要坚定不移地把公共资金（政府机关和公共银行的投资预算）投向转型项目，因为它们对于其他经济领域也具有很强的牵引力。在将私人投资引向发展中国家的低碳项目方面，各类发展银行尤其能够扮演重要角色。公共部门的订单亦可作为一个重要杠杆，只要在其中纳入环境方面的标准。

2. 让经济为人服务

所有的报告都趋向同一结论：在我们毁坏自身赖以生存的自然基础时，我们的各种经济指标是无法对此做出测量的。更糟的是，对国内生产总值增长的关注加重了这种现象，因为这个指数的计算仅以资金流量为基础。比如，一场石油泄漏可能会引发国内生产总值的增长，因为它能催生经济活动（海滩清理、器材购买等）。的确，目前的模式告诉我们：污染能创造财富，对自然资源的攫取即便破坏环境，也有利于经济。简单来说，实在是荒谬得无以复加！经济大获全胜时，就是人类走向灭亡时。

从另一个角度看，在社会层面，这种经济模式也站不住脚，因为虽然经历了数十年的增长，贫困依然与奢靡同时存在。

是不是因此就要叫停一切，像一些人喜欢宣扬的那样，"回到钻木取火的水平"呢？恰恰相反，今天的我们拥有前所未有的契机，可以从新的基础上重新启程。

为了确保满足所有人的根本需求（居住、食物、水、能源），维护和平，发展社会纽带，为人类维持地球环境和可供生存的气候，政治应当对经济负起责任。2008 年以来，我们前后经历的金融危机和经济危机的规模都显示出，管制不善的市场在捍卫集体利益上是多么无能。

对此，主动采用一些能够替代国内生产总值的、体现全新政策目标的指标——比如，人类发展指数（IDH）——便是一项关键的解决方案。世界上存在许多创新性的举措，法国也刚刚通过一项法律，规定给国内生产总值增添上这类指数。

此外，为了使我们的经济转向能够满足这些目标的项目，还需要充分发挥人的创造力和活力。富裕国家的政府应当在全国范围，甚至地区范围内（比如欧盟）启

动大型投资计划 ① : 将资金投入日常的公共交通, 而非新的机场; 投入可再生能源的推广普及, 而非燃煤电厂; 投入针对电能储蓄的研究, 而非针对页岩气的开发; 投入共享出行方式, 而非新建公路。

在发展中国家, 主要问题不是城镇的改建, 而是发展。我们所要做的是 : 让这些工业化和城市化进程迅速的国家, 能够在不依赖化石能源的条件下发展起来。同时, 也要大量投资于这些国家的适应能力, 也就是说, 建造能够抵抗气候紊乱的基础设施和经济系统——因为我们知道, 气候紊乱将会出现, 而且首当其冲的就是这些最为脆弱的人口。

3. 革除跨国公司的恶习

当今主导的经济模式主要依赖于这样一种理念 : 以市场为导向的竞争有利于整体利益。但只要看看自己周围, 便不难发现这种想法有多么错误 : 日益加剧的不平

---

① 关于可调动的资金, 请参见第 1 条关于金融业的建议。

等、气候失常、自然资源的枯竭等等。

为了逆转这种趋势，将人重新置于整个系统的中心，就必须运用有效的杠杆。只靠政策是不够的。一些跨国公司富可敌国。对它们来说，地域疆界、法律都不过是次要的障碍，因为这些公司有能力通过给其所在国带来的税务、社会和环境竞争，来影响公共政策。

解决办法：确认经济的社会和环境目的，并因此来重新审视其运行状况。其中的一种途径是切实保证企业社会责任（RSE）。企业社会责任被欧盟定义为"企业针对其在社会上所产生影响的责任"，然而在实际中，却常常仅止于"生意"之外的一些慈善活动。其实，它恰恰应当占据企业策略的中心位置，不管是体现在企业管理中受益方的代表制上、所创造价值的分配上、针对员工和供应商所执行的政策上，还是缩减对生产场地附近居民区和环境的影响上。

为了达到这一目的，首先要做的是纠正一些最为明显的恶习。譬如，完善法律，以使跨国公司及其主要股东在其母公司、子公司，以及国外直接分包商的业务造成对人权的侵害或环境破坏时，在法律上和刑事上被认定负有责任。1984 年印度波帕（Bhopal）发生的化学事故和 2013 年孟加拉国热那大厦（Rana Plaza）的倒塌事故（大厦中有着许多为西方大零售商工作的当地制衣厂），都显示出取消这种令跨国公司不受法律惩罚的特权的紧迫性。

同时，跨国公司也要承担它们的税务责任。欧盟国家每年都会损失约一万亿欧元的税收，其中很大一部分是因为一些公司在税务方面的可疑做法导致的。这些公司应当通过交税来保证其对所在国家的公共服务部门及社会互助事业所应做的贡献。自2008年的经济危机以来，很多国际组织都在抑制这些不良做法方面做出了努力。未来还应延续并强化这方面的努力。

从中期来看，应当从根本上改变企业的目标：利润不应被看作目的，而应作为维系社会和环境纽带的手段，成为企业战略的中心。这一变化正在实现，目前已有一些提议，要求将整体利益纳入法国民法典中对于商业公司的定义[1]。此外，在法国，大型企业还必须测量并公布其影响指数。不久，欧洲也将推行这一做法。这样做的意义是：记下好的影响指数（既指在气候一类的全球性

---

[1] 嘎埃尔·吉罗（Gaël Giraud）、塞西尔·赫努阿尔（Cécile Renouard）主编：《改革资本主义的二十条建议》，巴黎弗拉马里翁出版社（Flammarion），2009年。

问题方面，也指针对每个行业自身的影响，比如添加入农产加工食品内的化学添加剂），令其在未来商业模式的建设中占有决定性地位，就如经济效益一样。举例来说，让每个人都能以低价配备一辆汽车，也许从短期来看是合理的做法（方便出行，创造就业），但从中期角度来看，考虑到贫乏的自然资源，这将是不可能实现的。

4. 在良性循环中生产和消费

20 世纪中，发达国家和新兴大国先后进入了大众消费社会。这种经济发展背后的生产模式被我们称为"线性"模式：开采自然资源，对其进行加工，然后丢弃。伴随它的是所用原料和能源的持续增长。这种模式看似是向富裕社会发展的必然进步，但最后却反过来损及自身：可供使用的原材料并不是无限量的，而所造成的污染却对我们的健康和整个地球产生了不可逆转的影响。

如今，当务之急是改变这种定式，重新找回"经济"一词的原意——"一个家庭内部的管理"，并像经济学家蒂姆·杰克逊（Tim Jackson）所言，以"无增长的繁荣"

为目标。

在过去的几十年中，很多讲话都强调了减少人类活动影响的必要性：降低污染、缩减能源和自然资源的消耗、更多地循环利用……这只是第一步。我们还应走得更远，在每一个经济领域中创造其他的生产和消费形式，以便产生积极的影响。

解决方案便是：从大自然中汲取灵感——在大自然中，废品是不存在的。任何生物在生命结束时都会变成一种营养物。得益于阳光的存在，能量是可以再生的。那么为何不采用这些理念，从浪费经济过渡到循环经济呢？

这就需要我们从生态角度出发设计商品和建筑物等，使其成为某种"材料库"，保存能够被修理、拆卸，但不被摧毁或拆除的材料。同时，还应从设计阶段开始就消除所有毒性；鼓励对消费品用途的销售，而非对其所有权的买卖；反对商品的计划性淘汰或一次性产品的开发；等等。总而言之，摒弃制造废品的经济，转向对资源的有效管理。

二氧化碳便是一个颇具说服力的例子。为了抓取二氧化碳并将其贮存在土壤中，人们已经投入了大量资金。然而，囤积起来的被看作"废品"的二氧化碳并不创造价值，而对这种气体的贮存也很难为所有人群所接受。

因此，应当优先考虑的是展开研究，将二氧化碳转变为资源。

为了推行具有再生性质的循环经济，重中之重是支持投入这个领域的企业（尤其是微型企业、中小型企业和中小型工业企业）和地方政府。目前，关于废物处理的税收政策让垃圾场和垃圾焚烧显得更有吸引力，而不是那些旨在对材料和商品进行再利用或延长其寿命的措施。完善这一税收政策也将有助于转变观念和优先级别。

得益于其在经济中所占的比重，公共采购亦是一个非常有效的杠杆。因此，在其中纳入产品和原料的耐久性、无毒性、可循环性等标准，无疑是促成改变的加速器。

5. 告别化石能源投资

事实清晰可见、众所周知，而且不容置疑：全球二氧化碳排放的 80% 要归咎于化石能源、石油、天然气和煤炭。科学家和国际组织提醒我们：如果想要将全球温度上升的幅度控制在 2℃ 以内，就必须放弃开采我们目前所知的化石能源储量的三分之二。此外，化石能源引发的污染还会对人体健康和生物多样性造成影响。根据国际货币基金组织（IMF）的数字，目前的化石能源消费每分钟都要花掉各国 6600 万元人民币，其中包括对社会和环境造成的影响。

除非是气候变暖怀疑论者，否则，大家都深知，继续投资于页岩气和页岩油等非传统化石燃料的开发，投资于对北极和南极一类的处女地的探索，都是相当荒谬的行为。然而，如果不做任何改变，那么从现在到 2030 年还将会有 80 万亿元人民币被投入到化石能源中。若如此，我们在改善建筑物、交通、工业和农业效率上所做的各种努力也将徒劳无用。

因此，迫切要做的是重新引导投资，令其转向可再生能源和能源转换效率。

其实，各国都有解决办法。今天，在全球范围内，各国每年都要通过补贴和税务减免的形式花费近五千亿美元，用来支持对化石能源的开采和消费。该数字是在可再生能源上花费的资金的五倍。况且，后者已经显示出了竞争力。这着实令人震惊！

因此，为了加速能源过渡，就必须终止对化石能源开采的一切政府支持。富裕国家应当停止对火力发电厂的支持，因为这些发电厂在发展中国家造成严重污染。煤炭被标榜为让能源普及的必经之路，但实际上，对于贫困人口来说，它绝对不是什么奇迹。事实证明，在一些运输网络并不发达的国家，推广分散布局的可再生能源才能更有效地确保人人享有能源。

此外，为了让公共政策与对抗气候变化的目标相辅相成，推行循序渐进的税务改革也是十分必要的。减少针对化石能源消费的税收优惠能够腾出更多预算，从而减少其他种类的税收。这条道路也同样适用于发展中国家。

最后，公民社会也拥有改变现状的能力。这便是诞生于美国、如今已在全球范围内出现的撤资运动（Divestment）的意义。该运动对私人和公共投资者施加压力，使他们最终声明撤资化石能源，比如不再拥有活跃在火力发电领域的集团化金融资产。养老基金、保险、高校、地方政府、教会，这些机构代表着数十万亿美元的资金，拥有改变的能力！

Osons

SANCTIONNER

ceux qui

PILLENT

ET SACCAGENT

les richesses du monde

敢于惩罚
那些掠夺和洗劫世界财富的人

6. 将污染纳入销售价格

在我们的经济中，某个商品或某种服务的价格在消费者、企业或投资者做出选择时起着决定性作用。但在目前，对于环境和健康造成的损害并未在价格中有足够的体现。

价格所标注的是工作和资金的成本，与原材料的采掘和加工、交通运输及产品销售相关的各类税收。然而，取用自然资源（水、土壤、材料、能源、生物多样性）的成本、对环境的污染，以及对人类健康的危害却通常不被纳入价格中。我们并不能忽视这些成本，它们就是所谓的"负面外部因素"！它们被各个国家所承担，付出代价的却是整个社会，也就是纳税人。

因此，价格发出了错误的信号。购买者并不掌握全部信息，而他们做出的选择也许会令社会付出很大代价。当务之急是修正价格这一信号的效能。这样，一个"熟悉情况"的经济买方就会有两种选择：改变消费行为，或者维持现状但同时为消极外部因素付出更高的价格。

碳对气候变化的影响就是论证这种做法的一个很好的例子。化石能源在使用中会排放二氧化碳，而这种温室气体是导致气候变暖的罪魁祸首。它令社会付出的代价越来越显著：自然灾害、海平面上升、荒漠化、空气污染等。购买1升汽油，或消耗天然气和煤炭发出的1度电，都应当包含在这个总的成本中，但这些却并没有被计入产品的销售价格。这也就是为何经济学家们和越来越多的企业都要求在全球范围内给碳标价。由于各国的经济情况十分不同，这个价格将不会很快在各地统一。

在法国，自2014年开始推行的"气候能源"分摊金就是给碳标价的办法之一。同时，这也是给经济买方提供的一种信息。具体来说，它会提升化石能源的价格，给其添加上一项税额，而该税额是与碳含量成正比的（2016年的标准是每吨二氧化碳173元人民币）。为了给经济参与者们一些时间来适应，关于能源过渡的法律规定了循序渐进的增长原则，到2030年，将达到每吨二氧化碳786元人民币的税额。拿燃料来举例，这就相当于对每升碳氢燃料收取2.36元左右的税。这可谓一种改变消费行为的有效机制。一些国家已经将其付诸实践，比如瑞典，与此同时，瑞典公司的分摊金也得到大幅缩减。

的确，为了不因各类附加税收而损害竞争力，合理的做法便是减轻针对劳工的税收。应采取的原则是：惩罚毁坏和污染的做法，支持维护大自然及人口健康的做法。

　　这也将催生出良性的行为习惯：就像很多研究显示的那样，创造更多就业岗位，减少损害地球的人类活动。经济领域也将拥有全新的前景，经济成果将不再源于摧毁，而是得益于对自然潜力的保护。这种生态税收远远不是惩罚性的，恰恰相反，它非常中肯合理。

7. 保留地球的蓝色

　　地球是水做的，海洋覆盖着我们这颗星球的 70%，是人类的共有财产。我们能无限地扩展其功能：运输通道、重要饮食资源、休闲场地、就业来源等等。同时，海洋也是气候稳定的一个关键因素。它能吸收太阳发出的大部分热量，并能通过洋流将热量从炎热的地区重新分配到寒冷的地区。人类向大气排放的二氧化碳中有约 30% 会溶解于海洋，同时，得益于大量的海洋生物，海洋也是个绝佳的制氧机器。

　　不幸的是，海洋正在死亡，海洋中的生命也每况愈下。造成这种状况的主要原因是对海洋资源的过度开发，尤其是过度捕捞，以及人类活动产生的影响。海洋变成了我们的终极垃圾桶：所有（农业、城市、工业导致的）污染水和未经处理的废品都流入大海中。结果便是一个由废品构成的"第七大洲"在太平洋的东北部形成。

气候变暖引发海水温度上升和海洋酸化，这对于很多生命形式而言是灾难性的。

为了补救这种情况，我们应当对这些海洋区域提供"庇护"，建立完整的、全球性的"海洋保护区"（Marine Protected Area, MPA），特别关注适宜生命但却暴露于危险的、十分脆弱的海岸区域。2010年，国际社会开始采取行动，目标是在2020年之前，让全球海洋10%的面积被海洋保护区覆盖。今天，我们只达到4%。在这些海洋保护区中，应当部署重点保护区（以便给海洋生态系统足够的时间来自我修复）和协同管理区，将海洋使用者的利益和维护海洋健康的目标都纳入考量。

此外，我们也要把海洋纳入"气候资金"的范畴。譬如，我们应当重新栽植红树林，就像重新种植陆地上的森林那样。红树林生长在热带海岸和陆地之间，是生产力最强的生物群系之一。它能为当地人口提供饮食资源，贮存碳元素，保护沿海地区不受自然风险侵袭，同时也是为众多物种提供庇护的"托儿所"。最后，还应当在技术层面深入发展：投资耗能更少的未来船舶，以及可再生的海洋能源，这些都是前景无限的道路。

8. 保护土地，我们生命的支柱

我们的星球拥有极大的生物多样性，其中既有可见的，也有不可见的生物——这是地球有别于其他星球的特点。从细菌到鲸鱼、从雏菊到猴面包树、从土地到森林的林冠、从沙漠到热带雨林……一切都是生物多样性。生物多样性在人类的生活中扮演着十分重要的角色：我们可以从中提取饮用水、建筑材料、药品，还能享受一些服务，比如，通过蜜蜂完成植物传粉，在森林、海洋和土地中进行碳储存，等等。

我们正在经历着史上第六次物种大灭绝。其重要原因之一就是生物居住环境的恶化和消亡。今天，荒漠化问题已经触及地球上近 20 亿公顷的土地，这相当于浮出海面的陆地面积的 40%，要知道，后者之中只有 5 亿公顷的土地是农业用地。

导致这种退化的原因是多样的，而且因地而异，基本可以归结为气候变化和人类活动（森林砍伐、过度放牧、过度耕地、树篱拔除、杀虫剂的使用、过度化学施肥，以及不进行资源回收等）。土地退化的后果十分严重，对于人类来说，可耕地慢慢消失，同时消失的还有一些地区的物种和动植物品种，正是这些确保着我们粮食来源的持久稳定；很多生物的寄居地被剥夺，气候的稳定性也受到威胁。举例来说，单单森林砍伐一项，就代表着全球温室气体排放的 10% 以上。

发展中国家面临着荒漠化的挑战，而发达国家则出现"土地人工化"的问题。土地人工化的表现便是，混凝土和沥青逐渐占领了自然空间的地盘（如建筑物、交通基础设施、停车场的建设）。在法国，这相当于每七年就有一个省的面积消失，可用地大幅减少，影响农业种植和生物多样性。

幸好，技术和经济层面的解决方案是存在的，比如募集"气候资金"，以便与森林砍伐做斗争，同时推行重新植树造林的大型项目。

此外，恢复退化的土地也有助于封存全球二氧化碳排放中的很大一部分，它的平均成本为每吨二氧化碳 133~200 元人民币（在不使用杀虫剂的前提下）。

尤其对于发达国家来说，重点要做的还有完善国土整治政策，以保护自然空间、抑制土地人工化。此外，还要重新建立不同自然空间之间的连续性，以便让物种可以自由迁移，从而保证它们的生存条件。这便是蓝带、绿带等生态网络的目标，我们应当继续给予支持。在农业方面，应当发展生态农业；生态农业能够在为人类提供足够粮食的同时，恢复土壤的繁殖力，而且又能确保土壤活力、生物多样性，以及碳的贮存。

9. 在不破坏的条件下生产粮食

将来的农业应当有能力为不断增长的人口（2050 年将超过 90 亿）带来多样、健康和高品质的食物选择；为其他经济产业供应原材料；适应全球气候变暖的后果；减少温室气体的排放；将碳封存在土壤中；呈现和谐的景观并提供不同的环境服务。

单从技术角度来看，目前已经有可能推行这样的农业生产机制——它能在实现上述这些目标的同时，减少在化石能源上的花费，同时不使用合成肥料和杀菌剂。

这些机制的灵感来自生态农业，做法是在同一片耕地内同时混合不同的植物种类和品种（谷类、块茎类、豆科植物等），以便最大化利用太阳能，把空气中的氮转化为蛋白质和养料。这些综合型的机制也可以是畜牧和农业，或植树和农耕之间的混合。

然而，这种方案在执行时也遇到一些障碍。不是技术层面的困难，而是社会经济、组织和政策方面的障碍。的确，这种全新的农业理念恰好触犯到某些跨国公司的利益。

此外，更为多样化的农耕也对人工提出了更高的要求，因此，我们应当尽量做到的是：令农民获得补贴的标准变成农产品的质量、做法的可持续性（尤其是在种子和动物品种的多样性方面），以及给社会带来的环境服务，与当前这种根据农民所持有的土地面积发放补助的方法恰恰相反！

在发展中国家，应当支持个体和家庭化的农业，因为它能使当地人口独立自主地获得粮食，从而有效地与饥饿做斗争。在发达国家，生态农业的推广应当以一个遍布全国的真正的农业网络为依托——作为不同地区之间的一种新型合作，它能将生产者和消费者联系起来，打造出健康、高品质的食品。具有环境责任感的公共餐饮项目是调整地方产业结构的有效杠杆，应当得到推动并持久维系。

Nous
EMPOISONNONS
la
TERRE
autant que nos
VEINES

我们对土地的毒害
就是对自身健康的毒害

10.强化社会公正，以对抗气候紊乱

社会不平等和气候变暖之间有何联系？

一方面，受气候变化影响最大的正是最为脆弱的群体。美国新奥尔良的飓风卡特里娜和菲律宾的气候紊乱均为实例。的确，最富裕的人口有更多的便利和手段来自我保护，或者搬到其他地方去，以躲避灾害及其影响。从全球的角度看，正是南部国家，也就是最贫穷的国家，遭受着最具毁灭性的后果。譬如，全球气温的上升在撒哈拉地带的影响比在气候温和的地区要严重得多。这些国家的人口承受着双重苦难，他们不仅没有享受到发展的成果，还遭受了主导经济系统垮台的猛烈冲击。简单来说，我们开采了他们的财富，却让他们付出贫困和衰退的代价。

另一方面，财富分配的不平等也是一个加重环境危机的因素。最拮据的家庭只能买到以低成本生产的，在不良的环境、卫生、社会条件下造就的产品。而在另一端，收入最高者却有着过多的生态足迹（如过度消费、交通），并且将整个社会引向一种建立在浪费之上的经济。

日前的气候现象让贫困、苦难、不公平、不平等的状况雪上加霜。由于采取的是封闭分离的处理手段，环境不平等和社会不平等总是持续存在，互为因果，并形成制造穷困的新"陷阱"。因此，要抵御气候变化，就要对抗不公平。况且，世界上最平等的国家，如瑞典和芬兰，既在经济上表现出色，也注重限制其对于生态系统的影响。

于是，摆在我们面前的是一项必要的措施：缩小最穷人口与最富人口之间的收入差距。今天，跨国公司中的公司差距甚至能达到 1∶1000！在 1998 年到 2005 年之间，法国人中最富有的 0.01% 的人群收入上涨了 42.6%，而最贫穷的 90% 的人口收入只有 4.6% 的涨幅。在占法国就业岗位数 10% 的各类协会中，通常允许最高工资和最低工资之间的最大差距为 1∶5。法国公职部门中的工资差距为 1∶11。在私营企业中，很多公司已经缩减了工资等级差异。

法国应当通过税务和其他形式的鼓励机制（在公开招标，或政府与私企之间的合作合同中加入一条关于工资级别的标准）来开始压缩工资等级差。为了获得更多的平等，所有杠杆都应被激活。比如我们的税收——调整课税基数

080　至关重要，以便让税收重新回到递进制。此外，雄心勃勃的社会福利房政策也有助于缩减不平等程度。

11. 再造民主

当前的形势毋庸置疑：西方的民主国家正经历着一场深层危机。投票选举的参与率低下、越来越多的惩罚性投票、各类公民运动的兴起〔比如西班牙反对传统政治提议的"我们可以党"（Podemos）[①]]，无不显示出公民对于其管理者们与日俱增的不信任。

这种意义的丧失还有另一个明显的表现，那便是：这些民主国家凭借当前的形态，很难从根本上真正对抗气候变暖，或针对社会问题做出持久的回应。能源过渡需要的是规划未来，将长远的挑战纳入当前决定的考量，而民主的时间性体现为各类选举期限，因此依旧把短期

---

① "我们可以"党，西班牙第三大党，由马德里康普顿斯大学政治学教授巴勃罗·伊格莱西亚斯·图里翁（Pablo Iglesias Turrión）于 2014 年创立。——译者注

作为关注点。的确，如果有益的效果不能在未来几届选举中得到切实的印证，又如何在国土整治、就业和公共投资方面做出明智的决定呢？

于是，能源过渡就政治体系的运行和社会不同组成部分的角色提出了问题。一种办法是在我们的机构中引入能够确保长期利益的抗衡势力。比如，一种旨在保护我们的生存条件、使其不被私人利益所损害的"长期议会"，或者一个由各国研究员组成的、旨在就地球状况向政治决策者建言献策并提供培训的"未来学院"。

为了完善代表制民主，还应当同时加强参与式民主，也就是说，能够让公民参与到决策中来的所有机制。它将有助于让公民社会的全部参与者行动起来，以便促成适宜的、创新的、共享的解决方案。公民的参与是一个造就明日选择的契机。

为了让参与真正产生有益效果，需要同时具备几个条件。首先，参与应当尽可能早的介入，从关于对一个项目契机或社会重大决定的设想阶段就开始。而且，参与的结果应当被纳入未来的考量，以便进一步完善项目或决定：最终采纳的意见有哪些？为何没有采纳其他的意见？

最后，所使用的方法应当能为激发集体智慧创造条件：多元化且中立的信息、参与者的多样性、发言时间均等、共同建设的工具等等。

目前已经存在许多创新性的办法（如开放式论坛、世界咖啡馆），有助于将以上这些条件付诸实践，并引导参与者们以建设性的方式共同思考[①]。为此，创建一个负责传播这些方法、分享优秀做法的资源中心就显得尤为关键。

12. 对环境进行全球性治理

自 1992 年的里约地球峰会以来，将生态挑战定为人类生存重中之重的必要性得到广泛的认同。在那次会议上，各国首脑签署了关于气候、荒漠化和生物多样性的三项根本性公约。25 年之后，我们不得不承认，效果并未达到预期。

[①] 尼古拉·于洛基金会编：《参与式民主——行动工具指南》，地方干部书信出版社（Lettre du cadre territorial），2015 年。参见 http://www.fondation-nicolas-hulot.org。

在这方面没有取得明显的进步，主要是由于经济议题依然在国际事务管理中占据主导地位。一个很好的佐证便是：如世界贸易组织、世界银行和国际货币基金组织一类的机构掌握很大的话语权，相比之下，联合国环境署的角色却十分有限。于是，尽管生态危机要求我们重新审视社会的各项基础，但关于该领域的商讨与国际贸易或金融市场方面的谈判相比，依然十分孤立，占据次要地位。

此外，国际谈判的形式也已经不再适用 21 世纪的权重关系，关于气候的谈判便能证明。令 195 个国家共同签署协定的意愿，导致我们牺牲了履行承诺的约束力，而把关注点放在一些细小的共同意见上。坐在谈判桌上的只有各国政府，然而地方政府、企业、非政府组织和公民都能做出贡献，为控制气候变暖而采取行动。最后，虽然这一谈判进程会对人类的未来产生史无前例的影响，但其复杂程度却非同寻常，甚至已经变得令人难以理解。

为了补救这种情况，我们必须重新审视国际事务的管理，以便将对人类生存所必需的共同财产的保护作为关注重点。

Soyons des
EXTRÉMISTES
de la

SOLIDARITÉ

让我们成为坚守团结精神的极端主义者

这项任务可以交给世界环境组织（OME）来完成。它所扮演的角色是统筹并协调现存的数百项环境协议，尤其是消除生态方面的阻隔，确保人类的中期利益不会被放在次要地位。世界环境组织将由国际环境法庭来辅佐，后者负责处理环境方面的冲突，并确保大型谈判的生态兼容性。

此外，世界环境组织还有利于开启谈判进程，同时提供一个框架，让不同的国家群体和其他参与者能够订立更为大胆的契约。

比如，为了让公民的声音得到听取，就不能不调动起激发集体智慧的方法，充分发挥媒体、新技术，以及社交网络的力量。目前已经存在一些工具，特别是全球公民讨论（世界公民高峰会），像第 21 届联合国气候大会召开前夕在 75 个国家展开的、有 10000 名公民参与的讨论。

第 5 章
10 项个体的义务

1. 共享出行工具或无发动机出行

2. 坐飞机前再想一想

3. 吃更少量、但更高质量的肉

4. 终止食物浪费

5. 把钱投到绿色领域

6. 选择 100% 可再生的电能

7. 为抵抗能源浪费而行动

8. 为大自然采取行动

9. 分享

10. 为气候而积极活动

自 2005 年尼古拉·于洛基金会推出"为地球迎接挑战"（le Défi pour la terre）的行动以来，法国人的行为习惯有了很大改观。很多日常"小举动"（如垃圾分类、离开房间时关灯、刷牙时关闭水龙头、选择淋浴而非泡浴等等）已成为我们之中大多数人的条件反射；得益于教师们的引导，孩子们也通常早早地习得这些做法。然而，问题的严重性和紧迫性要求我们走得更远。这也就是为何，我们选择了 10 项每个人都能履行的个体义务，以便在我们力所能及的范围内，为抵抗气候紊乱做出更多的贡献。

1. 共享出行工具或无发动机出行

在法国，日常出行占温室气体排放量的 15%。在大多数情况下，比如去上班或购物，其实都有更简单、更环保、更经济的方法可供选择。公共交通（如火车、公交车、地铁）是目前比较常见的代步方式。共享汽车依然是一种不够普遍的解决方案。然而，共享一辆汽车能够替代 4—8 辆私家车，相当于每人每年减少 1.2 吨的二氧化碳排放。在城市中，自行车也显示出众多优势：无污染、有利于保持身材、有益健康，而且还能行动得更快。在城市内行走 4 公里，开车平均需要 27 分钟，乘坐公交车需要 18 分钟，骑自行车则只需 12 分钟！除此之外，选择这些温和的交通工具也更加经济节约：每日开车出行的成本可以达到 39300 元人民币／年，而自行车每年只需几千元人民币！

2. 坐飞机前再想一想

以不到 30 欧元的价格乘坐廉价航空，往返于一个欧洲首都城市，游览度假，每个人都愿意！但用一眨眼的工夫完成如此远距离的行程，对于气候和经济并非毫无影响。一个人在巴黎至纽约之间坐飞机往返，相当于 1 吨的二氧化碳排放！随着航空出行与日俱增，从现在到 2030 年，飞机这种交通工具的温室气体排放量将翻三倍。而清洁飞机的出现尚需要等待。怎么办呢？在远途出行之前，不妨再好好想一想。既要远行，与其坐飞机，不如索性慢慢走，同时充分享受路途。若要度过一个长周末，火车也能通达许多目的地。除此之外，更多的"无发动机"出行体验都值得尝试。要去远方，走路、骑自行车、乘货轮，甚至搭船跨海，都是有可能的。

3. 吃更少量、但更高质量的肉

我们的盘中餐也会对环境产生影响。其中，肉类的影响尤其不可忽视。要生产1千克肉类，需要2~12千克的谷物（根据鸡肉、猪肉、羊肉或牛肉而异）。在消耗等量土壤和水的条件下，所得的谷物能够养活的人数比肉类多得多。此外，牛肉和羊肉的生产会排放大量甲烷气体，而甲烷是一种强烈的温室气体。于是，吃掉1千克牛排与开车行驶130公里会对气候变暖做出等效的贡献。那么如何解决呢？首先，我们完全可以用植物蛋白质（如小扁豆、鹰嘴豆一类的谷物和豆科植物）来取代动物蛋白质。其次，我们并不需要彻底停止吃肉，但却可以减少食用的肉量，同时选择吃更高质量、产自近处的肉类。的确，草地畜牧也能带来环境方面的附加值：草原地区拥有十分丰富的生物多样性，具有很强的碳封存能力。

4.终止食物浪费

　　今天，世界上有数百万人食不果腹，与此同时，超过三分之一的食物产量却被扔掉。也就是说，与之相对应的化石能源、矿物、水等各种为生产而调动的资源都被浪费了。然而，我们深知，在这个资源有限的世界上，一切浪费都是异端。在发展中国家，我们观察到农业生产和食物贮存方面严重的衰退形势。而在发达国家，主要问题则在于末端食物消费。每一年，每个法国人平均扔掉 20 千克可消费的食物，其中 7 千克甚至连包装都未拆开。我们每个人都能对此采取行动，以更理智的方式购物，买得少一些，将剩菜烹煮食用；我们也可以制出混合肥料，以便充分利用蔬果皮和其他不可避免的废物。与此同时，食物销售、公共餐饮和地方政府方面也可以做出多种努力，比如，通过建立对有机废品的管理机制来与食物浪费做斗争。

5. 把钱投到绿色领域

法国人的储蓄可达 5.3 万亿欧元；这是个非常好的杠杆，只要好好选择银行并且明智地投资！

需要纳入考量的标准有如下几个：银行及其分支机构的建立地点——因为若在避税天堂建立，则恐怕会出现一些有助于偷税漏税或逃税的做法；银行的规模——因为机构越庞大，就越可能在破产的情况下使整个经济陷入危险。最后，还要思考：该银行是否资助未来性的项目？还是更愿意支持投机活动，或者为化石能源出资？

对于投资，也是同样的道理：我们可以选择拒绝投资某些经济产业（比如军备、烟草、化石能源）的基金，或者更好的是选择一些符合道德伦理的投资。在做决定时，可以参考一些标签，比如，Novethic 绿色基金标签授予的是关注环保的公司的投资基金，而 Finansol 标签则奖励给公共互助储蓄产品。我们也可以把钱存到一些道德影响力扩展到全部产品的投资者那里，譬如新经济基金会（NEF）或特里多斯银行（Triodos Bank）。

如果想要了解更多情况，完全可以询问您的银行经理，并查阅独立机构的分析报告。

最后，时不我待，让我们一起来支持"节约气候计划"^①吧！

6. 选择 100% 可再生的电能

自 2007 年起，个人用户就可以更改电能供应商了。为何不趁此机会为自己家选择 100% 可再生的电能呢？原理很简单，您的供应商保证交付给您的电能是用可再生能源生产的——比如水力、生物气体、风力或太阳能。购买这些电能的方法十分简单，而且，转眼之间彻底摆脱对核电站和化石能源的依赖，是多么令人欣慰的事！

该领域存在多种选择。对一些供应商来说，大部分利润会被再次投入到新的可再生设备中或能源管理服务中。可谓是个良性循环！

的确，这些选择有时会比传统的电能供应稍贵一些，但是价格差距在过去的几年中已有大幅下降。我们有充

---

① 参 见 http://www.financeresponsable.org；http://www.epargnonsleclimat.fr。

分的理由相信，从现在到未来的三四年，随着非可再生
能源成本的不断上涨，这种价格差也将成为回忆！

7. 为抵抗能源浪费而行动

以 19 ℃而不是 20 ℃加热（同时还能节约 7% 的供暖
消耗），关掉所有休眠状态的电器（也包括网络电视盒），
选择淋浴而不是泡浴，仔细进行垃圾分类，为自己的花园
制作混合肥料，给信箱贴上"谢绝广告"的标识——这些
都是简单而有用的日常举措。然而，很多人却尚未做到！

作为房产业主或共同业主，可以通过为房屋更好地
隔热、投资可再生能源或更完善的温度调节系统而享受
可观的经济补贴（其中一部分根据收入而定）。有效的能
源改造还能将能源消耗削减为原来的四分之一。作为租
房者，也可以提醒房东尽早展开这些改造工程的益处。
更何况，新的能源过渡法已经把这些改造定为强制性项
目，需在建筑物生命中的重要时刻完成（如重新粉刷、
屋顶更换）。在 2025 年之前，还要在所有耗能严重的建
筑上推行。

8. 为大自然采取行动

　　大自然的状况正在恶化，但如何为抵抗这一灾难贡献力量呢？面对全国范围内资金的短缺，很多机构（协会、保护区、社区团体）开始求助于志愿者服务。它们推出许多保护大自然的行动，并邀请每个人参与其中，包括河岸修复、动植物观察、受伤野生动物的救援、垃圾捡拾等等。

　　参与这些活动并不需要特别的技能。不论是一个人、全家人，还是和朋友们一起，我们都可以根据自己的兴趣和空暇，奉献出一点时间，来帮助维护自己周边的大自然。通常，最难的部分是掌握关于这些行动的消息。但现在，通过"我为自然而行动"（J'agis pour la nature）网站 ①，我们也能轻而易举地知晓超过 250 个遍布法国各地的机构所组织的环保活动。周末有空闲？假期快来了？"大自然志愿服务"是既能出去透透气，又十分有用的不错选择。

---

　　① 参见 http://www.jagispourlanature.org。

Seule la

DIVERSITÉ

est riche

唯有多样性才是财富

9. 分享

汽车、公寓、电钻……私人间的租赁正在蓬勃发展。共享产品的使用有很多好处。在服务效果等同的情况下，选择这种方法不仅更省钱，而且还是保护地球的良策。产品的生产和使用寿命终结的管理都需要消耗资源，有时还会造成污染。那么为何不与邻居分享一辆95%的时间都闲置不用的汽车，或一台一年才用一次的奶酪烧烤机呢？越来越多的网站开始提供这样的服务，在解决保险问题的情况下，方便私人间的租赁。我们也可以选择无须金钱的互换：我把我的电脑借给你，作为交换，可以得到两小时的钢琴课，或用你的名牌手袋去参加一个时尚的晚会。此外，合租也是一种与时俱进的居住形式，它有助于优化空间和抵抗住房危机[1]。但这个如日中天的

---

[1] 弗洛朗·欧噶尼尔（Floran Augagneur）、多米尼克·鲁塞（Dominique Rousset）：《看不见的绿色革命》，黄黎娜译，中国文联出版社2017年版。

产业也应当得到规范化管理，以便给地方政府带来合理的帮助和贡献（尤其在税收方面）。

10. 为气候而积极活动

很多环境协会都在不遗余力地让越来越多的人关注环保问题。然而，我们还是缺少一些围绕环境议题展开的大型群众活动，尤其是在与气候变化做斗争方面。

但是，目前也诞生了一些新形式的公民运动，比如"替代村"（Alternatiba）和"气候联盟21"（Coalition 21）。还有一些正在发展壮大，比如市民参与型科学活动，以及"大自然志愿服务"[①]。我们可以参与其中，成为会员，也可以对它们给予资金支持，助它们一臂之力。

---

① 参见 https://www.alternatiba.eu；http://www.coalitionclimat21.org；http://www.jagispourlanature.org。

S'ENGAGER

pour la planète
CONSTITUE
la seule
MODERNITÉ

为地球而行动
这是唯一的现代性

　　此外，还有一些平台能让我们作为公民发表意见，参与共同建设将来的决策。开放论坛、参与性预算、公民广场，我们可以充分利用这些参与性工具，各抒己见！

　　2015 年 11 月 29 日，第 21 届联合国气候变化大会召开的前一天，数十个国际组织、非政府组织和工会呼吁，在巴黎、法国和众多城市的街头为气候进行一场大游行。2014 年 9 月，已有 30 万人在纽约街头游行呐喊，他们的口号是："国家领导人，行动起来！" 11 月 29 日向各国领导人发出的信号有赖于每一个人。

　　让每一个人都参与进来是刻不容缓的，同样紧迫的还有签署这本小书结尾处的号召书。敬请登录尼古拉·于洛基金会的网站：https://www.fondation-nicolas-hulot.org。

尼古拉·于洛的号召

第 21 届联合国气候变化大会是一个关键时刻，它关系到气候的未来，也就是地球和人类的未来。为了让前文所述的 12 条重要建议被听取，请您签署并扩散以下的号召。

各国领导人，请勇敢行动！

我们，全世界的公民，呼吁来自最富有的、温室气体排放最多的国家的政治决策者们，最终接受气候的挑战。

敢于承认，为气候而展开的斗争决定着我们这个世界的未来 : 健康、经济、就业、团结和平等、农业和食物、和平。

敢于承认，目前摆在谈判桌上的协定并不足以将气候变化限制在 2℃以内，而你们可以通过提升抱负来改变局势：20 国集团（G20）的成员占全球温室气体排放总和的四分之三！

敢于停止各种漂亮的演讲和意向宣言，抵制住将决定拖到更晚执行的诱惑：行动吧！

敢于强制推行一些金融手段、监控指数和法律法规，制定明确的路线图，从今天开始就着手执行！

在世界各地，环保事业的参与者们每日都在不懈努力。我们深知每一个人都肩负责任，因此承诺从自身出发，在我们力所能及的范围内贡献力量。但这仍然不够。

你们，政治决策者们，肩负着历史性的责任。

巴黎协定的力量首先有赖于你们切实执行的措施。

新的法规、碳的价格、对金融交易征收的税款、农业模式的转变……需要做的已经明确，而这些取决于你们的政治勇气。

各国领导人，请你们不负众望。
被历史所铭记，请勇敢行动！

为了让您的意见得到听取并向各国领导人倡议，请
在以下网站上签署号召书：

FONDATION-NICOLAS-HULOT.ORG

由衷感谢

尼古拉·于洛自然与人基金会的整个团队，感谢他们在我身边的辛勤付出和不懈努力。

多米尼克·布尔（Dominique Bourg）、马克·杜弗米耶（Marc Dufumier）、让娜·法纳尼（Jeanne Fagnani）、弗朗索瓦·热曼讷（François Gemenne）、皮埃尔 - 亨利·古庸（Pierre-Henri Gouyon）、阿兰·格汗让（Alain Grandjean）、塞西尔·赫努阿尔（Cécile Renouard）、帕特里克·威弗雷（Patrick Viveret），感谢他们的忠诚和贡献。

珂荷莉·舒博（Coralie Schaub），感谢她为本书撰写所做的贡献。

感谢巴黎 Havas Worldwide 公司的辅助与平面设计。

感谢我的家人，我因自己投入的事业而经常不能与他们团聚。

绿色发展通识丛书 · 书目

GENERAL BOOKS OF GREEN DEVELOPMENT

01　　　　　　　　　　　　　巴黎气候大会 30 问

［法］帕斯卡尔·坎芬　彼得·史泰姆 / 著
王瑶琴 / 译

02　　　　　　　　　　　　　倒计时开始了吗

［法］阿尔贝·雅卡尔 / 著
田晶 / 译

03　　　　　　　　　　　　　化石文明的黄昏

［法］热纳维埃芙·菲罗纳-克洛泽 / 著
叶蔚林 / 译

04　　　　　　　　　　　　　环境教育实用指南

［法］耶维·布鲁格诺 / 编
周晨欣 / 译

05　　　　　　　　　　　　　节制带来幸福

［法］皮埃尔·拉比 / 著
唐蜜 / 译

06　　　　　　　　　　　　　看不见的绿色革命

［法］弗洛朗·奥加尼厄　多米尼克·鲁塞 / 著
吴博 / 译

07　自然与城市
马赛的生态建设实践
[法]巴布蒂斯·拉纳斯佩兹／著
[法]若弗鲁瓦·马蒂厄／摄　刘姮序／译

08　明天气候 15 问
[法]让·茹泽尔　奥利维尔·努瓦亚／著
沈玉龙／译

09　内分泌干扰素
看不见的生命威胁
[法]玛丽恩·约伯特　弗朗索瓦·维耶莱特／著
李圣云／译

10　能源大战
[法]让·玛丽·舍瓦利耶／著
杨挺／译

11　气候变化
我与女儿的对话
[法]让-马克·冉科维奇／著
郑园园／译

12　气候在变化，那么社会呢
[法]弗洛伦斯·鲁道夫／著
顾元芬／译

13　让沙漠溢出水的人
寻找深层水源
[法]阿兰·加歇／著
宋新宇／译

14　认识能源
[法]卡特琳娜·让戴尔　雷米·莫斯利／著
雷晨宇／译

15　如果鲸鱼之歌成为绝唱
[法]让-皮埃尔·西尔维斯特／著
盛霜／译

16   **如何解决能源过渡的金融难题**

［法］阿兰·格兰德让　米黑耶·马提尼／著
叶蔚林／译

17   **生物多样性的一次次危机**
生物危机的五大历史历程
［法］帕特里克·德·维沃／著
吴博／译

18   **实用生态学（第七版）**

［法］弗朗索瓦·拉玛德／著
蔡婷玉／译

19   **食物绝境**

［法］尼古拉·于洛　法国生态监督委员会　卡丽娜·卢·马蒂尼翁／著
赵飒／译

20   **食物主权与生态女性主义**
范达娜·席娃访谈录
［法］李欧内·阿斯特鲁克／著
王存苗／译

21   **世界有意义吗**

［法］让–马利·贝尔特　皮埃尔·哈比／著
薛静密／译

22   **世界在我们手中**
各国可持续发展状况环球之旅
［法］马克·吉罗　西尔万·德拉韦尔涅／著
刘雯雯／译

23   **泰坦尼克号症候群**

［法］尼古拉·于洛／著
吴博／译

24   **温室效应与气候变化**

［法］爱德华·巴德　杰罗姆·夏贝拉／主编
张铱／译

25   **向人类讲解经济**
一只昆虫的视角
［法］艾曼纽·德拉诺瓦／著
王旻／译

26   **应该害怕纳米吗**

［法］弗朗斯琳娜·玛拉诺／著
吴博／译

27   **永续经济**
走出新经济革命的迷失
［法］艾曼纽·德拉诺瓦／著
胡瑜／译

28   **勇敢行动**
全球气候治理的行动方案
［法］尼古拉·于洛／著
田晶／译

29   **与狼共栖**
人与动物的外交模式
［法］巴蒂斯特·莫里佐／著
赵冉／译

30   **正视生态伦理**
改变我们现有的生活模式
［法］科琳娜·佩吕雄／著
刘卉／译

31   **重返生态农业**

［法］皮埃尔·哈比／著
忻应嗣／译

32   **棕榈油的谎言与真相**

［法］艾玛纽埃尔·格伦德曼／著
张黎／译

33   **走出化石时代**
低碳变革就在眼前
［法］马克西姆·孔布／著
韩珠萍／译